Moteurs d'Aviation

Résumé des Conférences faites sur le Moteur

à l'Ecole d'Aviation Militaire de Chartres

Par le Capitaine V. G.

Table des Matières

MOTEUR

+ ❖ +

Généralités sur les moteurs à 4 Temps

Tout moteur a pour but de transformer un mouvement rectiligne, produit par l'expansion d'un mélange gazeux, en un mouvement de rotation.

Il se compose donc. en principe (fig. 5 , d'un cylindre (1), d'un piston (2), d'une bielle (3), d'un vilebrequin (4).

Pour les moteurs à explosion, on y ajoutera 2 soupapes : l'une pour l'admission (5) du mélange gazeux, l'autre pour l'échappement (6) des résidus de la combustion et un appareil servant à allumer le mélange au moment opportun (magnéto, bougie (7).

Voyons. comment se comportent ces différents organes :

Le piston étant au point le plus haut de sa course, les 2 soupapes fermées, la tête de bielle au point mort haut, faisons tourner le moteur.

1er Temps. — *Admission. Fig. 1.)* — Le piston descend produisant un vide partiel dans le cylindre ; la soupape d'admission s'ouvre avec un léger retard ; le mélange gazeux entre.

2e Temps. — *Compression. (Fig. 2.)* — Le piston remonte comprimant le mélange gazeux ; la soupape d'admission se ferme avec un léger retard.

3e Temps. — *Explosion. (Fig. 3.)* — Le piston descend

sous la poussée des gaz qui ont été allumés par la bougie avec une avance sur le temps ; les 2 soupapes sont fermées, il se produit une détente des gaz à mesure que le piston descend.

4ᵉ Temps. — *Échappement. (Fig. 4.)* — La soupape d'échappement s'est ouverte avec une avance sur le temps ; le piston remonte chassant le résidu des gaz brûlés ; la soupape se referme quand le piston est au point le plus haut de sa course.

Le cycle des 4 temps a été effectué pendant que le moteur faisait 2 tours complets, chaque piston descendant et montant 2 fois dans son cylindre.

Explication du retard et de l'avance donnée à l'ouverture et à la fermeture des soupapes

1° Soupape d'admission

Nous avons dit que la soupape d'admission s'ouvrait, au premier temps, avec un léger retard, (2 à 4 mm. pour le Renault).

Voici pourquoi :

Le piston, en descendant, crée dans le cylindre un vide partiel qui, au moment de l'ouverture retardée de la soupape, produit une brusque succion. Cette dernière, rompant l'inertie des gaz, les fait entrer en plus grande quantité, pendant le temps que la soupape reste ouverte.

De même, la fermeture de cette soupape aura lieu avec un retard (16 à 20 mm. pour le Renault). Cela permettra aux gaz de remplir le vide partiel créé par le piston et on profitera ainsi de *l'inertie des gaz en mouvement*, qui continuera à les faire entrer, malgré le commencement de compression faible encore, il est vrai. Grâce à ce retard, une plus grande quantité de gaz sera donc admise.

2° Soupape d'échappement

Nous avons dit qu'elle s'ouvre avec une avance sur le temps de l'échappement, (16 à 20 mm. pour le Renault).

En effet, on a intérêt à chasser le plus rapidement possible le résidu des gaz brûlés, de façon à éviter une compression inutile.

On ouvrira donc la soupape avant toute compression, et même avec une avance qui permettra aux derniers effets de l'explosion de vaincre l'inertie des résidus gazeux qui sont dans le cylindre et de les entraîner au dehors.

Vérification de la distribution. — (*Fig. 5*). — Il suffira de passer par le trou (⁹) débouché du fond de la culasse, une tige s'appuyant sur le piston ; de suivre les déplacements de ce dernier et de s'assurer qu'au moment des ouvertures et des fermetures des soupapes cette tige s'est élevée ou abaissée du nombre de millimètres convenable par rapport au point le plus haut (¹⁰) ou le plus bas de la course du piston (¹¹) : le plus haut pour l'ouverture de la soupape d'admission et la fermeture de la soupape d'échappement ; le plus bas pour la fermeture de la soupape d'admission et l'ouverture de la soupape d'échappement et, cela, en tenant compte de l'avance ou du retard à donner.

Avance à l'allumage. — Le mélange gazeux met un certain temps pour s'enflammer.

Pour que l'explosion ait lieu, au 3ᵉ temps,

quand le piston est au haut de sa course, nous devrons donc faire jaillir *à l'avance* l'étincelle et cette avance devra être proportionnée à la vitesse de rotation du moteur.

Vérification de l'avance à l'allumage. — On procède comme pour la vérification de la distribution.

On s'assurera de la même manière que le piston est arrêté à la distance voulue (11 mm. pour le Renault) avant le point le plus haut, de sa course à la fin du 2ᵉ temps. A ce moment les 2 vis platinées de la magnéto devront se séparer pour donner l'étincelle.

Rendement du moteur. — Le rendement du moteur croit :

1º *Avec la compression.*

Il faut donc avoir des joints aussi parfaits que possible afin de supprimer toute fuite et d'utiliser ainsi le maximum des gaz aspirés.

On ne peut cependant pas augmenter la compression au-delà d'une certaine limite. Toute compression de gaz, en effet, développe de la chaleur et on arriverait, en exagérant cette compression, à un auto-allumage nuisible.

2º *Avec la vitesse de rotation du moteur.*

Les gaz ayant moins de temps pour fuir par les joints toujours imparfaits.

On ne peut pas cependant augmenter indéfiniment cette vitesse, car, lorsque le piston se déplace à plus de 9ᵐ à la seconde, les gaz admis n'entrent plus en quantité suffisante. On dit alors que la cylindrée est incomplète et, dans ce cas, le rendement décroit.

Graissage. — Il se fait sous pression au moyen d'une pompe.

Refroidissement. — Il est produit soit par un ventilateur soit par thermosiphon.

Moteurs d'aviation " Renault ".

Le modèle 80 HP comprend deux rangées de 4 cylindres inclinées à 90° l'une sur l'autre.

Cylindres et pistons. — Les cylindres et les pistons sont en fonte et glissent les uns dans les autres.

Par suite de la dilatation occasionnée par la chaleur, et qui n'est pas la même pour le cylindre et pour le piston, ces deux organes pourraient gripper. On a été amené à placer entre eux des segments de fonte fendus.

Segments. — Ces segments, ainsi fendus, offrent l'élasticité nécessaire pour assurer l'étanchéité parfaite entre les cylindres et les pistons, tout en permettant les dilatations dont nous venons de parler.

Les fentes des segments ne doivent pas, au montage, être placées sur une même ligne, car sans cela une fuite pourrait se produire.

Bielles. — Les bielles sont en acier estampé.

La tête de bielle contient des coussinets en métal anti-friction, dans lesquels ont été creusées des rainures appelées « pattes d'araignée » pour la circulation de l'huile.

Vilebrequin. — Il est en acier au nickel, cémenté et trempé.

Il est rectifié à la meule émeri. Le vilebrequin porte le ventilateur.

Arbre à cames. — (*Fig. 5*). — L'arbre à cames ([12]) tourne à la demi-vitesse du moteur, commande les soupapes, la pompe à huile et porte l'hélice.

Carburateur. — Le carburateur est soit un Renault soit un Zénith.

Magnéto. — C'est une magnéto Simms Bosch à haute tension, à volets et qui tourne à la vitesse du moteur. Le distributeur est démultiplié de moitié.

Carter. — Il est en aluminium et sert de réservoir d'huile.

Pompe à huile. — Une pompe à pignons, commandée par l'arbre à cames, assure le graissage du moteur.

Ventilateur. — Placé sur le vilebrequin, il assure le refroidissement des cylindres.

Fonctionnement des soupapes. — (Fig. 5).

L'arbre à cames est commandé par le vilebrequin au moyen d'un pignon démultiplicateur ([13]).

1° Soupapes d'admission. — (Fig. 5).

La came ([14]) soulève le taquet ([15]) qui glisse dans son guide, ([16]) et pousse la tige ([17]) de la soupape ([5]) qui s'ouvre.

L'arbre à came tourne, la came n'agit plus, le ressort ([18]) rappelle la soupape sur son siège.

2° Soupapes d'échappement. — (Fig. 5).

La came ([19]) soulève le taquet ([20]) qui glisse dans son guide ([21] et pousse la tige ([22]) de commande du culbuteur [23]); ce dernier bascule et pousse à son tour la tige ([24]) de la soupape ([6]) qui s'ouvre. L'arbre tourne, la came n'agit plus, le ressort ([25]) rappelle la soupape sur son siège.

Lorsque les cames n'agissent pas sur les taquets il doit y avoir un jeu de $\frac{6}{10}$ mm. entre le taquet et la tige de la soupape d'admission et un jeu de 1 mm. entre le taquet et la tige de la soupape d'échappement.

Graissage. — (Fig. 6).

L'huile est aspirée au fond du carter par une pompe à pignons ([1]), elle traverse la crépine ([2]) d'un filtre, de l'extérieur vers l'intérieur, et arrive dans un tube appelé collecteur ([3]).

Du collecteur partent 3 canalisations ([4]) qui conduisent l'huile aux paliers (p) du vilebrequin.

L'huile qui s'échappe aux extrémités du collecteur graisse le pignon démultiplicateur de l'arbre à cames et les roulements à billes.

Après avoir graissé les paliers du vilebrequin, l'huile est chassée par la force centrifuge d'abord sur la surface puis dans la rainure des colliers de graissage A B et, par les trous T, dans les portées des têtes de bielle, d'où elle ressort par les trous C et D.

Elle est ensuite projetée, toujours par la force centrifuge, sur les pistons et dans l'intérieur des cylindres. Elle retombe enfin sur la toile métallique ([5]) du filtre à huile et, de là, dans le carter réservoir.

La quantité d'huile nécessaire au bon fonctionnement du moteur est comprise entre 5 litres minimum et le plein qui est de 12 litres. On doit vidanger le moteur après 4 heures de marche.

Autres moteurs Renault. — La Maison Renault fait

encore des moteurs 100 HP. et 130 HP. qui ne diffèrent du moteur 80 HP. que parce qu'ils ont 12 cylindres et 2 magnétos. Leur fonctionnement reste le même.

Elle fait enfin un 220 HP, dit "Rènault Mercédès" à 12 cylindres, 2 carburateurs et 4 magnétos (double allumage à chaque cylindre).

Moteur d'aviation "De Dion"

Le principe de ce moteur et la disposition de ses organes sont les mêmes que ceux du moteur "Renault"

Le réglage des soupapes seul est différent.

Soupapes d'admission
  { Ouverture = Fond de course haut du piston.
  { Fermeture = Retard de 18 mm.

Soupapes d'échappement
  { Ouverture = Avance 18 mm.
  { Fermeture = Fond de course haut du piston.

MOTEURS ROTATIFS

Dans ces moteurs, ce sont les cylindres et le carter qui tournent autour d'un vilebrequin fixe.

Le fonctionnement du moteur repose sur l'excentrage de 2 mouvements circulaires (*Figure 1*).

Le carter et les cylindres tournent autour d'un centre O ; les bielles et les pistons autour d'un autre centre O'.

Quand les cylindres tournent autour de O, ils entraînent les pistons qui, eux, tournent autour de O', mais, O' étant fixe, il est facile de voir (*fig. 1*) que lorsque le cylindre 1 prend successivement les positions 9-8-7-6... etc, le piston 1 glisse dans son cylindre.

A chaque rotation complète autour du vilebrequin fixe, le piston s'éloigne et se rapproche une fois du fond du cylindre.

En deux tours, les pistons auront donc
pris toutes les positions qu'ils doivent prendre pour que les 4 temps du cycle aient pu
avoir lieu. Ces 4 temps sont d'ailleurs exacte-
ment les mêmes que ceux des moteurs fixes.

L'unique maneton du vilebrequin porte
toutes les bielles.

Le refroidissement du moteur a lieu par
la rotation rapide des cylindres dans l'air.

Etudions maintenant, sur un moteur rota-
tif, le "Rhône" par exemple, les différentes
pièces qui le composent et leur fonctionnement.

Moteur d'aviation "Le Rhône" (80 H.P. 9 cyl.)

Le vilebrequin. — (*Fig.* 4). — Le vilebrequin (1) est
emmanché dans le plateau (2) fixé sur
l'avion. Ce plateau supporte la magnéto (3),
la pompe à l'huile (4) et le porte charbon (5).

A l'extrémité arrière du vilebrequin est
fixé le carburateur (6).

Les gaz entrent dans le carter par l'intérieur du vilebrequin perforé et c'est par là
également qu'a lieu le graissage.

Le carter. — (*Fig.* 4). — Le carter (21) est assemblé,
à l'avant avec le nez porte hélice (7) et le faux
nez (8), à l'arrière avec le moyeu arrière (9).

L'ensemble tourne autour du vilebrequin
et repose sur lui par les roulements à
billes (10).

Une butée à billes (11) supporte l'effort de
traction de l'hélice.

Sur le moyeu arrière (9) viennent s'assem-
bler l'engrenage (12) et le distributeur d'allumage (13).

Les cylindres. — (Fig. 4). — Les cylindres ([22]) sont vissés sur le carter. Ils sont en acier et garnis à l'intérieur d'une chemise en fonte.

Les pistons. — (Fig. 7). — Les pistons sont en fonte. Quatre segments ABCD, assurent l'étanchéité entre les cylindres et les pistons.

Un récupérateur d'huile R en tôle conique renvoie vers les parois du cylindre, l'huile projetée par la force centrifuge sur le piston.

Les bielles. — (Fig. 2). — La bielle maîtresse ([1]) est rattachée au maneton fixe du vilebrequin par 2 coquilles (AB) reposant sur des roulements à billes.

La tête de cette bielle porte 3 séries de rainures, dans lesquelles viennent s'engager les autres bielles qui peuvent ainsi osciller par rapport à la bielle maîtresse.

Dans la rainure intérieure sont montées les bielles 4 et 7.

Dans la deuxième rainure sont montées les bielles 2, 5 et 8.

Dans la rainure extérieure sont montées les bielles 3, 6 et 9. (Voir le profil des rainures ([23]) dans la *fig. 4*

Les Soupapes. — (Fig. 3.) — Les soupapes sont commandées alternativement par le basculeur de soupape ([1]). Deux ressorts (fig. 6) les ramènent sur leurs sièges et, en marche, la force centrifuge agissant sur la tige du basculeur s'ajoute à la force du ressort.

Les gaz, (*fig. 3*), viennent du carter et arrivent aux soupapes d'admission par la tubulure ([3]).

Distribution. — (Fig. 3). — Deux cames à 5 doubles bossages, l'une d'admission ([4]) l'autre d'échappement [5] commandent les basculeurs

de carter (6) auxquels sont fixées les trin-
gles (7) des basculeurs de soupapes (4).

Le contact entre les cames et les extrémités des basculeurs de carter (6) est assuré
par le roulement de 2 galets. La force centrifuge agissant sur la tringle (7) tend à appli-
quer le galet d'admission sur sa came (4).

Les cames, *(fig. 4)* sont boulonnées (cames
d'admission (14) cames d'échappement (15) sur
le porte-cames (16) qui tourne autour du contre
coude (17).

Le porte-cames (16) est entraîné par le carter de la façon suivante *(fig. 4)* :

Le faux nez (8) porte un engrenage (18)
(45 dents) qui tourne rond par rapport au
vilebrequin (n° 8, *fig. 3*, n° 18, *fig. 4*) et qui
s'engrène sur le pignon (50 dents) excentré
du plateau porte-cames. (N° 9, *fig. 3*, n° 19,
fig. 4).

Le plateau porte-cames est donc à la fois
entraîné et démultiplié. C'est cette démultiplication qui permet de faire ouvrir et fer-
mer les soupapes des 9 cylindres en deux
tours de carter.

Allumage. — *(Fig. 4)*. — La magnéto (3) est fixée sur
le plateau (2) du vilebrequin. Elle porte un
pignon de 16 dents, commandé par l'engrenage (12) qui en a 36.

Le courant produit est conduit au porte-
charbon (5) fixé sur le plateau (2). Ce charbon frotte sur le distributeur (13) fixé sur le
carter et portant 9 plots reliés aux bougies
des cylindres.

Graissage. — *(Fig. 4)*. — Il est fait par une pompe à
huile à piston (4) fixée sur le plateau. On em-
ploie exclusivement de l'huile de ricin. La
pompe est commandée par l'engrenage (12)
comme la magnéto.

L'huile traverse le vilebrequin et, sortant par les trous percés en face d'eux, graisse les roulements à billes [10], ceux de la butée [11], les bielles, le maneton et le roulement à billes du porte-cames [16]. Enfin par un tube [24] l'huile arrive sur les parois des cylindres et par un autre tube [25] sur les cames et galets.

Vérification du Graissage. — (Fig. 4). — Une cloche en verre [20] est branchée sur la canalisation. L'air emprisonné dans le sommet de cette cloche, qui contient de l'huile, est comprimé à chaque coup de piston de la pompe. On constate ainsi son fonctionnement.

Vitesse du Moteur. Compte-tours. — Le nombre de coups de piston de la pompe étant proportionnel au nombre de tours du moteur, le nombre de pulsations à la minute indiquera le nombre correspondant de tours du moteur.

RÉGLAGE

1° **Cylindres.** — (Fig. 3). — Vérifier d'abord si la distance du centre du basculeur [1] au carter est bien de 271^{mm}8. Visser plus ou moins le cylindre sur le carter pour obtenir cette distance.

2° **Cames.** — Les repères () des cames doivent être en face du repère correspondant du porte-cames.

3° **Soupapes.** — (Fig. 5.) — On place le cylindre 1 à la position haute verticale et on règle la longueur de la tringle de façon que, celle-ci une fois tirée à fond vers l'extérieur, il y ait (*fig. 6*) un jeu de 8 à 10 dixièmes de $^m/_m$ entre le basculeur et la tige ([1]) de la soupape d'échappement et un jeu de 10 à 12 dixièmes de $^m/_m$ entre ce basculeur et la tige ([2]) de la soupape d'admission.

4° *Allumage.* — (*Fig. 5.*) — Le cylindre 1 étant dans la position haute verticale faire tourner le moteur dans le sens des aiguilles d'une montre jusqu'à ce que la tringle du cylindre 7 devienne horizontale. Placer alors le marteau de la magnéto à la position de rupture et caler la magnéto. Nous obtenons ainsi l'avance à l'allumage nécessaire. (Environ 13 $^m/_m$).

On remarque que la rupture a lieu, lorsque le charbon passe sur les plots correspondant aux cylindres 1, 3, 5, 7, 9, 2, 4, 6, 8 et l'allumage a lieu dans cet ordre.

CARBURATEUR

Le carburateur est un appareil qui sert à fournir au moteur, quelle que soit la vitesse de rotation de ce dernier, un mélange d'air et d'essence de proportion constante.

Proportion du mélange. — La proportion qui donne le meilleur rendement est de 1 gramme d'essence pour 15 litres d'air.

Lorsqu'il y a trop d'air dans le rapport « *Essence-Air* », le mélange fuse au lieu de détonner ; le moteur pétarade.

Lorsqu'il y a trop d'essence dans ce même rapport, cette dernière brûle incomplètement, l'hydrogène se consume en entier, le charbon en partie seulement et il se produit une fumée noire à l'échappement[1].

Température. — D'autre part, si nous touchons la tuyauterie d'admission d'un carburateur, dans un moteur en marche, nous constatons qu'elle est très froide ; cela tient à ce que la volatilisation de l'essence absorbe de la chaleur. Il faudra donc prévoir un réchauffage qui donnera une température convenable au mélange gazeux.

L'arrivée de l'essence et le régime du moteur. — Supposons un moteur tournant à 400 tours, et, dans le carburateur, une arrivée d'essence et une arrivée d'air telles que, par suite de l'aspiration produite par le moteur, nous ayons 1 gramme d'essence aspiré pour 15 litres d'air.

(1) L'essence est en effet composée de charbon et d'hydrogène ; c'est un carbure d'hydrogène de la série $C^n H^{2n+2}$.

Faisons tourner le moteur à 1000 tours, sans rien changer aux tuyauteries d'air et d'essence. Nous constatons que le mélange devient d'autant plus riche en essence que le moteur tourne plus vite.

Or, nous l'avons vu, le rapport « $\frac{ESSENCE}{AIR}$ » doit être constant. Il faut donc prévoir un dispositif de réglage compensateur qui corrige cette augmentation d'essence dans le mélange, quand le moteur tourne plus vite.

C'est par ce dispositif que les carburateurs diffèrent.

Carburateur "Renault" *(Fig. 1)*

Arrivée de l'essence. — L'essence arrive par la tubulure (1), traverse le filtre (2), pénètre par le trou du bouchon (3), formant siège du pointeau, dans la cuve (4) où son entrée est réglée par le pointeau (5) sous l'action des leviers à contrepoids (6) mus par le flotteur (7).

De la cuve, l'essence traverse le robinet d'arrêt (8) et arrive au gicleur (9) placé au centre d'un étrangleur (10).

Arrivée de l'air primaire. — L'air traversant cet étrangleur est pris tout entier dans le tube d'arrivée d'air chaud (11).

Dispositif de réglage compensateur "Renault"

Pour corriger l'excès d'essence qui se produit, comme nous l'avons vu, quand le régime du moteur augmente, Renault a disposé une soupape (12) permettant l'entrée d'un air additionnel.

Réglage de la soupape d'air additionnel. — Sous
l'appel produit par l'aspiration du moteur, la
soupape([12]) se soulève. On règlera l'amplitude
de l'ouverture et par conséquent la quantité
d'air additionnel admise, au moyen du levier
de butée ([13]) commandé par la manette d'air
additionnel.

Freinage de la soupape d'air additionnel. — Pour
que cette soupape se soulève progressivement, au moment des reprises, on l'a reliée,
par une tige ([14]) à un piston ([15]) qui se meut
dans un cylindre ([16]). Lorsque la soupape se
soulève, elle entraîne le piston. La soupape
est ainsi freinée à la montée.

A la descente, au contraire, un clapet ([17])
s'ouvre, mettant l'intérieur du cylindre en
communication avec l'atmosphère. Le freinage n'a plus lieu, la soupape se ferme rapidement. Un ressort [18] compense en partie
le poids de la soupape.

Température de l'air additionnel. — Pour que l'air
additionnel ait une température convenable,
on prend une partie de cet air directement
à l'extérieur et l'autre dans le tube d'arrivée
d'air chaud ([11]. Un robinet à 3 voies ([19],
permet de régler la proportion d'air chaud et
d'air froid, c'est-à-dire la température de l'air
additionnel.

Carburateur "Zénith" (*Fig. 2*)

Arrivée de l'essence. — L'essence arrive par la tubulure ([1], pénètre dans la cuve ([4]) où son
entrée est réglée par le pointeau ([5]). De la
cuve, l'essence arrive au gicleur ([9]).

Arrivée de l'air. — L'air arrive par la tubulure([7]).

Dispositif de réglage compensateur Zénith

—⸎—

Il se compose d'un puits ([10]), d'un second gicleur [11] placé annulairement par rapport au premier.

Fonctionnement du carburateur

—o—

Premier gicleur. — Quand le moteur tourne plus vite, le mélange E + A (essence plus air) aspiré augmente et le premier gicleur donne, nous le savons, *un excès d'essence* dans ce mélange.

Deuxième gicleur. — Il en serait de même avec le second gicleur, mais on a rendu le débit de ce dernier constant.

Le moteur tournant plus vite, le mélange (E + A) aspiré augmente. Or, E est constant ; ce sera donc A qui augmentera.

Les 2 gicleurs fonctionnant ensemble, l'augmentation d'A donné par le 2e compensera l'excès d'E donné par le 1er.

Le carburateur fournira ainsi un mélange constant, quel que soit le nombre de tours du moteur.

Constance de débit du 2e gicleur. — On a rendu le débit du 2e gicleur constant, en le faisant fonctionner sous une pression constante, celle de la pression atmosphérique, et, cela, en laissant le puits ([10]) ouvert à l'air libre.

De plus, la section de ce gicleur étant très petite par rapport à celle du puits, il s'en suit que les variations de pression dans le carburateur sont sans influence sensible sur le débit de la cuve dans le puits.

Ralenti R. — L'inconvénient du carburateur ainsi compensé est de ne pas pouvoir donner à volonté, pour la mise en marche, ou le ralenti, un mélange riche en essence.

Pour remédier à cet inconvénient, le constructeur a mis dans le puits un véritable petit carburateur : un gicleur ([14]), une arrivée d'air ([15]).

Le papillon ([16]) qui règle l'arrivée du mélange détonant dans le moteur porte une rainure ([17]).

Quand le papillon est fermé, toute l'aspiration se fait par cette rainure et le petit carburateur fonctionne.

Comme il n'est pas compensé, il donnera le mélange riche en essence demandé.

Enfin un volet permet de réduire l'arrivée d'air pendant la mise en marche.

Réchauffage. — Autour de la pipe de sortie du mélange détonant se trouve une chemise de réchauffage dans laquelle circulent les gaz brûlés venant de l'échappement.

Alimentation Blocktube

(Carburateur René Tampier, Fig. 3)

Le carburateur Blocktube est principalement employé sur les moteurs rotatifs.

Il comprend un dispositif qui, au fur et à mesure des demandes du moteur, lui permet d'augmenter à la fois l'essence et l'air, en les laissant dans un rapport constant.

L'essence arrive par un gicleur ([1]) dans lequel glisse une aiguille conique ([2]).

L'air arrive par 2 tubes ([3]) et est réglé par un registre ([4]).

Fonctionnement du carburateur.

L'aiguille est montée à rotule sur le registre par l'intermédiaire d'une bille ([5]).

Quand on soulève le registre, pour admettre une plus grande quantité d'air, l'aiguille se soulève également et admet une plus grande quantité d'essence. La proportion de l'essence et de l'air reste constante.

Ce carburateur on le voit est très simple et l'un de ses avantages est de ne pas offrir de risques d'incendie. En effet, dans le cas d'une explosion dans le carter, les gaz sont immédiatement expulsés au dehors par les 2 tubes d'entrée d'air.

Réchauffage. — Il est fait par un tube spécial, reliant la boîte à l'échappement. On peut, du siège de l'appareil, régler la proportion d'air chaud admise.

MAGNETO

Généralités sur les Courants

Les courants sont de deux sortes :

Continus : c'est-à-dire passant toujours dans le même sens.

Alternatifs : c'est-à-dire passant tantôt dans un sens tantôt dans l'autre.

Ce sont ces derniers qui sont employés pour l'allumage dans les moteurs à explosions.

Ils sont caractérisés par :

Le Voltage ou différence de potentiel (gouttes d'eau tombant de plus ou moins haut).

L'Ampérage ou quantité de courant passant à la seconde (nombre plus ou moins grand de gouttes tombant à la seconde).

MAGNÉTISME

Aimants. — Les aimants naturels ou artificiels sont des corps qui ont la propriété d'attirer certains métaux, parmi lesquels l'acier, le fer et le fer doux. (Expérience de la limaille de fer fig. : 1 et 2. Spectres).

Fluide magnétique. — On attribue cette propriété à un fluide, qu'on nomme : « fluide magnétique ».

Champ magnétique : On appelle « champ magnétique » d'un aimant l'espace dans lequel l'action attractive se produit.

Prenons un aimant en fer à cheval, aux extrémités duquel on a fixé deux pièces de fer doux que nous appellerons « masses polaires » : Le champ magnétique de cet aimant sera, pratiquement, l'espace compris entre ces deux masses. (*Fig. 2*).

Flux magnétique. — Plaçons une particule métallique dans le champ, elle sera entraînée par une partie du fluide magnétique vers l'une des deux masses. Nous nommerons « Flux magnétique » la partie du fluide magnétique employée à l'entraînement de la particule et « ligne de force » la trajectoire qu'elle suivra. (*Fig. 1 et 2*).

Mesure de l'intensité du Flux magnétique. — L'intensité du flux magnétique sera tout d'abord proportionnelle à l'intensité du champ de l'aimant, à la force de l'aimant, si vous le voulez, et ensuite à la surface du corps métallique, exposée à la direction de ce champ.

Théorie des lignes de force. — En effet supposons, pour plus de simplicité, les deux masses polaires N et S (*fig. 3*) formées d'un même nombre de particules et joignons par des lignes parallèles entre elles les particules correspondantes.

Ces lignes parallèles représenteront ainsi les lignes de force, que suivraient les particules de la masse N si elles se détachaient, et, si elles étaient entraînées vers la masse S par le flux magnétique.

Si nous plaçons verticalement dans le champ (*fig. 4*) un cercle de fer coupant perpendiculairement toutes les lignes de force, le flux comprendra tout le fluide du champ.

Si nous faisons tourner ce cercle autour d'un diamètre horizontal, nous l'amènerons, peu à peu à être horizontal lui-même ; ce faisant, il coupera de moins à moins de lignes de force et le flux décroîtra par suite jusqu'à un minimum, atteint quand le cercle sera horizontal.

L'intensité du flux magnétique déjà proportionnelle à l'intensité des lignes de force sera donc également proportionnelle au nombre de ces lignes rencontrant le corps, ou, ce qui revient au même, à la surface du corps métallique exposée à la direction du champ.

Courant primaire.

Formation d'un courant par le flux magnétique ou induction magnétique. — Maintenant que nous savons ce qu'est le flux magnétique et, comment il varie, reprenons une expérience faite par Ampère [1] :

Soit un fil de cuivre garni d'un isolant en soie. Formons avec ce fil une boucle ayant la forme d'une circonférence incomplètement fermée (comme dans la fig. 5) et plaçons-là entre les 2 masses polaires d'un aimant.

Relions les deux extrémités du fil aux bornes d'un galvanomètre : l'aiguille de ce dernier ne bouge pas.

Faisons tourner la boucle entre les deux masses polaires autour d'un axe horizontal (*fig. 5*) ainsi que nous l'avons fait pour le cercle *fig. 4*, quand nous avons étudié la mesure de l'intensité du flux magnétique.

Dès que la boucle tourne, nous obtenons un courant dû à la variation d'intensité du flux. (Voir théorie des lignes de force).

On nomme ce courant : ''courant induit''; l'aimant est l'inducteur, la boucle l'induit.

Étudions maintenant ce courant :

Considérons le plan de la circonférence formée par le fil. Partant de la position ver-

(1) Ampère, physicien français, 1775-1836.

ticale, faisons-le tourner progressivement.
L'aiguille du galvanomètre, quittant la position o, se déplace vers la gauche, par
exemple. Quand, ayant fait un quart de tour,
le plan se trouve horizontal, l'aiguille mar-
que un maximum de déplacement. Continuons
le mouvement : l'aiguille revient peu à peu
à o, où elle arrive, quand le plan ayant fait un
nouveau quart de tour, se retrouve vertical.

Continuons encore : l'aiguille se déplacera
maintenant vers la droite, marquera un maximum quand le plan redeviendra horizontal
et se retrouvera à o, quand, après un tour
complet, le plan aura repris sa position verticale primitive.

Donc une révolution complète du plan de
la circonférence du fil engendre dans ce fil
un courant induit, que nous qualifierons
d'alternatif, puisqu'il aura changé deux fois
de sens et, ce courant, aura deux maxima et
deux minima. (*Fig. 6*).

Si nous examinons maintenant ce qui se
passe à la fois pour le courant induit et pour
le flux magnétique nous voyons que :

1°) les *maxima* de courant se produisent
quand le flux magnétique est le plus faible,
c'est-à-dire, quand le nombre des lignes de
force rencontrant le corps est minimum.

2°) les *minima* de courant se produisent
quand le flux magnétique est le plus fort,
c'est-à-dire, quand le nombre des lignes de
force, rencontrant le corps est maximum.

3°) Il y a *changement* de sens pour le courant suivant que le plan de la circonférence
du fil se présente sur une face ou sur l'autre.

Renforcement du courant. — L'expérience montre
d'autre part que si nous faisons tourner entre
les masses polaires au lieu d'une seule boucle

un fil bobiné autour d'un noyau de fer doux le courant est considérablement augmenté :

1°) *par le bobinage.* — Il est augmenté proportionnellement au nombre de spires.

2°) *par le noyau de fer doux.* — Le noyau de fer doux infiniment plus perméable que l'air, permet au flux de passer plus facilement. Enfin le fer doux attire à lui, en les déviant, (*fig. 7*), presque toutes les lignes de force du champ, et augmente ainsi la quantité du flux, qui rencontre les plans des spires.

3°) *par un extra-courant de rupture.* — Nous pouvons encore renforcer ce courant à un instant donné en utilisant un extra courant de rupture et voici comment :

Self induction. — Quand le bobinage tourne entre les masses polaires (*fig. 8*), le flux est maximum dans le noyau au moment où ce dernier passe par la position horizontale. Immédiatement après, il diminue et son sens de variation est N'S'.

Le sens du courant primaire est alors celui de la flèche 1. Ce courant développe dans le noyau des lignes de force allant de S' vers N'. Ces dernières font naître dans le fil un courant dit de self-induction et qui est de sens contraire à celui du courant primaire.

Naissance d'un extra=courant au moment de l'établissement d'un courant ou de sa rupture. — Si l'on coupe le courant primaire le sens

(1) Il ne faut pas confondre le sens du flux avec son sens de variation. Une comparaison nous fera comprendre la différence qui existe entre les deux. Plaçons un œuf sur un jet d'eau et, au dessus du jet, un tuyau (*fig. 8 bis*). L'eau jaillira du robinet toujours dans le même sens, de bas en haut. Pourtant, si nous ouvrons progressivement le robinet, l'œuf montera et traversera le tuyau de bas en haut; si au contraire nous le fermons, toujours progressivement, l'œuf traverse le tuyau de haut en bas, quoique l'eau sortant du robinet jaillisse toujours de bas en haut. L'eau du robinet donne le sens, l'œuf le sens de variation.

de variation du flux devient S' N' et le courant
self induit prend le sens de la flèche 1, c'est-
à-dire s'ajoute au courant primaire.

L'aiguille du galvanomètre est au moment
précis de la rupture fortement déviée.

Grâce au bobinage, au noyau de fer doux
et à l'extra-courant de rupture, nous aurons
donc un courant primaire de haut voltage,
mais qui ne sera cependant pas encore suf-
fisant pour donner des étincelles capables
d'allumer le mélange détonant.

Courant secondaire.

Induction par un courant.
— Faraday, physicien
anglais, constate le premier, en 1832, que si
l'on approche d'un fil de métal, parcouru
par un courant électrique, un second fil de
métal, qui ne le touche pas, ce second fil est
tout à coup parcouru lui-même par un courant électrique. Ce dernier courant disparaît
d'ailleurs presque aussi vite qu'il est né, et
ne reprend naissance, pour redisparaître avec
la même rapidité, que si l'on éloigne les fils
l'un de l'autre, ou si on les rapproche de
nouveau.

Formation d'un courant par rupture d'un courant
voisin. — Si on établit ou si on rompt le
courant dans le premier fil, les mêmes phénomènes se produisent et nous voyons qu'ils
sont analogues à ceux qui se passent lorsqu'on
déplace une spire de métal dans le champ
d'un aimant (fig. 5).

Établissons donc un autre bobinage, dit
secondaire autour du bobinage primaire.
Faisons passer un courant dans ce bobinage
primaire, puis rompons-le brusquement. A
ce moment précis se formera dans le bobinage
secondaire un courant.

Nous l'appellerons : « courant secondaire ».

L'expérience montre que son voltage, infiniment plus grand que celui du primaire, est sensiblement proportionnel : 1° au nombre des spires du bobinage qu'il parcourt et 2° à la différence du nombre des spires du bobinage primaire et du sien.

Nous avons pris comme fil du primaire un fil gros et court ; nous prendrons, comme fil du secondaire, un fil fin et très long (plusieurs kilomètres).

Nous aurons ainsi un courant secondaire de très haut voltage, qui nous donnera des étincelles, capables d'allumer le mélange détonant.

La Magnéto Simms-Bosch à volets

La magnéto dont on se sert habituellement pour les moteurs d'aviation est la magnéto Simms-Bosch à volets et à induit fixe.

Elle se compose :

1°) *d'un inducteur* : aimant en fer à cheval aux extrémités duquel sont fixées deux masses polaires.

2°) *d'un induit* : double bobinage fait sur un noyau de fer doux ; composé d'un fil gros et court isolé, et d'un fil fin et long, également isolé. Cet induit est fixe.

3°) *de volets en fer doux*, qui, tournant entre l'inducteur et l'induit, serviront à faire varier le flux dans cet induit. Ils permettront en outre, comme nous le verrons par la suite, d'obtenir quatre étincelles par tour de magnéto, alors qu'on n'en obtient que deux dans les magnétos à induit tournant.

4° *d'un rupteur* destiné à interrompre le courant primaire aux moments voulus.

5° *d'un condensateur*

6° *d'un parafoudre*

Courant primaire. — *Formation de ce courant dans la magnéto à volets.* — L'inducteur est fixe.

L'induit l'est également et est placé de telle manière, que ses spires soient par rapport à l'inducteur, dans la position où peut se produire le courant maximum. (*Fig. 9*).

Les volets A et B tournent entre l'inducteur et l'induit. Examinons les principales positions, qu'ils peuvent prendre pendant leur rotation et ce qui en résulte.

Maxima et Minima du Courant. — (*Voir fig. 9*). — Il faut se rappeler que plus il y a de flux traversant le noyau, plus le nombre des lignes de force est grand et plus le courant est petit. (Voir le parag. traitant de la formation d'un courant par le flux magnétique).

Dans 1	Le flux entre par le haut.	Beaucoup de lignes de force.	Flux maximum.	Courant minimum.
De 1 à 2	Le flux entre par le haut.	De moins en moins de lignes de force.	Le flux diminue.	Le courant augmente.
Dans 2	La plus grande partie du flux passe directement par le haut et par le bas. La partie qui traverse le noyau diminue de plus en plus et ne cesse d'entrer par le haut que pour entrer immédiatement par le bas.	Très peu de lignes de force.	Flux minimum.	Courant maximum.
De 2 à 3	Le flux entre par le bas.	De plus en plus de lignes de force.	Le flux augmente.	Le courant diminue.
Dans 3	Le flux entre par le bas.	Beaucoup de lignes de force.	Flux maximum.	Courant minimum.
De 3 à 4	Le flux entre par le bas.	De moins en moins de lignes de force.	Le flux diminue.	Le courant augmente.
Dans 4	La plus grande partie du flux passe directement par le bas et par le haut. La partie qui traverse le noyau diminue de plus en plus et ne cesse d'entrer par le bas que pour entrer immédiatement par le haut.	Très peu de lignes de force.	Flux minimum.	Courant maximum.
De 4 à 5	Le flux entre par le haut.	De plus en plus de lignes de force.	Le flux augmente.	Le courant diminue.

Dans 5 et de 5 à 8. — Un simple coup d'œil sur les fig. 9 nous montre, que de 5 à 8 les phénomènes qui se sont passés de 1 à 5, se reproduiront identiquement.

Sens du courant primaire. — Il dépend du sens de variation (1) du flux.

Voyons ce qui se passe, quand les volets tournent (*fig. 9*).

De 1 à 2	Le flux entré par le haut diminue.	Le sens de variation du flux est de haut en bas.	Le courant prend un certain sens.
De 2 à 3	Le flux entré par le bas augmente.	Le sens de variation du flux ne change pas.	Le courant ne change pas de sens.
De 3 à 4	Le flux entré par le bas diminue.	Le sens de variation du flux est de bas en haut.	Le courant a changé de sens à 3.
De 4 à 5	Le flux entré par le haut augmente.	Le sens de variation du flux ne change pas.	Le courant ne change pas de sens.
De 5 à 6	Le flux entré par le haut diminue.	Le sens de variation du flux est de haut en bas.	Le courant a changé de sens à 5.
De 6 à 7	Le flux entré par le bas augmente.	Le sens de variation du flux ne change pas.	Le courant ne change pas de sens.
De 7 à 8	Le flux entré par le bas diminue.	Le sens de variation du flux est de bas en haut.	Le courant a changé de sens à 7.
De 8 à 1	Le flux entré par le haut augmente.	Le sens de variation du flux ne change pas.	Le courant ne change pas de sens.

La *fig. 10* représentera les maxima et minima du courant ainsi que ses changements de sens.

Trajet du courant primaire. — (*Fig. 11*). — Le courant primaire part de la masse (1), passe par le clavetage (2) fixant l'axe de l'induit sur la masse, puis, par cet axe (3). Il emprunte le fil primaire (4), qui s'enroule, isolé, sur le noyau de fer doux pour aboutir au tube de laiton isolé (5).

Ce tube est relié par un fil de connexion à la vis longue platinée (6), isolée, du rupteur ; le courant prendra ce chemin et arrivera à la masse par la vis courte platinée (7), lorsque les deux vis seront en contact.

Le courant passe, comme nous le savons, tantôt dans un sens tantôt dans l'autre.

(1) Pour l'explication de l'expression sens de variation, voir le renvoi du parag. ayant trait à la self-induction, page 30.

Rupture du Courant primaire. — Le Rupteur. —
Le rupteur est constitué par une came à huit
bossages ([8]). Cette came fait écarter aux moments voulus la vis courte platinée de la vis
longue platinée et provoque ainsi la rupture
du courant primaire.

Le Condensateur. — (*Fig. 11*). — Il est formé par des
feuilles d'étain séparées par du mica. Toute
les feuilles impaires sont reliées à la vis longue platinée et les feuilles paires à la vis
courte platinée.

Monté en dérivation, sur le circuit, le courant ne le traverse pas. Il emmagasine
l'électricité au moment de la rupture du courant et absorbe les étincelles que donnerait
l'extra-courant de rupture, étincelles qui use-
raient les vis platinées.

Dès que le circuit est fermé à nouveau,
l'électricité emmagasinée est rendue au courant. Le condensateur renforce donc encore
le courant primaire.

Courant secondaire. — (*Fig.11*). — Le courant
secondaire passe dans le fil ([9]) long et fin,
qui est bobiné par dessus le premier fil gros
et court emprunté par le courant primaire.
Il se forme au moment de la rupture de ce
dernier courant et est de très haut voltage.

Trajet du courant secondaire. — (*Fig. 11*). — Le
courant secondaire suit le même chemin que
le courant primaire (y compris le fil primaire) de la masse ([1]) jusqu'au tube de laiton
isolé ([5]).

Il emprunte ensuite le fil secondaire, qui
s'enroule, isolé lui-même, par dessus le bobinage du fil primaire.

Il passe par le parafoudre ([10]) isolé, qui est
placé à l'intérieur du tube de laiton, va au
distributeur et, par les bougies, ([14]) à la masse.

Le courant secondaire emprunte tantôt dans un sens, tantôt dans l'autre, le fil primaire et le fil secondaire, qui se font suite.

Parafoudre. — *Fig. 11*. — Cet organe ([10]) est destiné à conduire l'étincelle à la masse ([1]) dans le cas où, ne pouvant pas jaillir à la bougie, elle aurait tendance à le faire entre les bobinages de l'induit et à détériorer la magnéto. (L'étincelle éclate alors entre 10 et 3).

Distributeur. — (*Fig. 11*). — Il se compose d'un plateau [11], d'un doigt [12] et de plots ([13]); il sert à amener le courant secondaire successivement à chaque bougie ([14]) par l'intermédiaire des plots. Il tourne à la demi-vitesse du moteur.

La magnéto à volets, donnant quatre étincelles par tour, aura la même vitesse que le moteur : en deux tours elle donnera huit étincelles et les huit cylindres seront allumés.

Avance à l'allumage. — L'étincelle se produit à la bougie au moment précis où les deux vis platinées s'écartent.

D'autre part il faut un certain temps pour que l'étincelle allume les gaz ; c'est pour cette raison que nous donnerons de l'avance à l'allumage. (Voir moteur).

Calage de la magnéto. — Pour le moteur Renault 80 HP. l'avance à l'allumage est de 11 m/m.

Nous placerons, pour le cylindre n° 4, par exemple, le piston de ce cylindre à 11 m/m au-dessous du fond de course haut (2° temps).

Nous ferons tourner la magnéto de façon que le doigt du distributeur soit sur le plot 4, et, les vis platinées étant sur le point de se séparer, nous bloquerons le pignon de la magnéto, de façon que les dents de ce pignon entrent dans celles du pignon de l'arbre à cames, sans déranger le réglage que nous venons de faire.

HÉLICE

L'hélice transforme le mouvement de rotation du moteur en un mouvement de traction.

Elle est constituée par deux pales de bois, qui, attaquant l'air avec une certaine incidence, prennent appui sur lui.

L'hélice avance dans l'air d'une façon comparable à celle dont une vis progresse dans du bois.

Pas de l'hélice. — Le pas de l'hélice est la longueur dont elle avancerait pour un tour complet si elle se vissait dans un milieu solide.

Avance. — Mais l'air n'est pas un milieu solide ; l'avance de l'hélice est alors moindre que la longueur de son pas.

Recul. — On appelle recul la différence qui existe entre le pas et l'avance de l'hélice.

Rendement. — Le rendement est le rapport entre le travail fourni par l'hélice et le travail dépensé par le moteur.

Montage de l'hélice. — L'hélice peut être montée en prise directe (comme dans les moteurs rotatifs : Rhône par exemple) et tourne alors à la vitesse du moteur.

Ou bien elle peut être démultipliée (comme dans le Renault où elle est montée sur l'arbre à cames et où elle tourne à la demi-vitesse du moteur).

Cette dernière manière permet d'employer des hélices, qui, tournant plus lentement, peuvent être plus grandes et semblent donner un meilleur résultat ; quoique la démultiplication par pignons absorbe une certaine quantité de la force du moteur.

LES PANNES

Le moteur ne part pas ; s'il part, un ou plusieurs cylindres ne donnent pas.

Vérification de l'allumage. — 1°) Bien essuyer la magnéto et particulièrement son distributeur, l'huile ou l'humidité ayant pu permettre des court-circuits entre les bornes et la masse.

2° Voir si chaque bougie donne une étincelle par tour d'hélice, (dévisser et placer pour cela la bougie contre la masse). Nettoyer la bougie.

3°) Voir si les charbons du distributeur ne sont pas usés et si les plots sont propres.

4°) Vérifier l'écartement des vis platinées du rupteur qui doit être de 4/10 m/m ; nettoyer ces dernières.

5°) Voir si le levier de rupture, portant la vis courte platinée, n'est pas coincé sur son axe de fibre. Aléser cet axe au besoin.

Se contenter de ces vérifications, et ne jamais démonter la magnéto.

Ne jamais la graisser; mettre, simplement, et toutes les 5 ou 6 heures de vol, une goutte d'huile dans les graisseurs des roulements à billes.

Vérification de la carburation. — 1°) L'essence n'arrive pas : voir si les robinets du réservoir et du pointeau sont ouverts, si le filtre est propre, si le gicleur n'est pas bouché.

2°) L'essence arrive trop. Le flotteur peut-être percé : le changer.

Réglage de la carburation. — Tous les cylindres donnent mais :

1°) Il y a trop d'essence pour le régime du moteur ; on remarque une fumée noire malodorante et des pétarades bruyantes dans le tuyau d'échappement.

2°) Il y a trop d'air ; un ou plusieurs cylindres ne donnent pas et il se produit des retours au carburateur. Si le moteur chauffe d'une façon anormale c'est également qu'il y a trop d'air.

On réglera la proportion du mélange par les moyens indiqués pour chaque carburateur (voir carburateurs).

Vérification du moteur. — Le moteur fonctionne, mais a un mauvais rendement (manque de force).

Un ou plusieurs cylindres donnent mal. Puisque nous avons déjà vérifié l'allumage et la carburation, ce fonctionnement défectueux ne peut provenir que d'une mauvaise compression. Il y a donc des fuites par les joints des bougies, des culasses ou par les soupapes.

En faisant tourner lentement l'hélice, nous entendrons le bruit caractéristique d'une fuite à ces joints et nous pourrons même voir un léger suintement d'huile. Bruits ou suintements nous indiqueront le ou les cylindres ne donnant pas.

Nous ferons vérifier ces joints par le mécanicien. Les fuites par les soupapes demandent le rodage de cet organe qui se fait sur le siège lui-même.

Les fuites peuvent avoir encore lieu par la tuyauterie ou par des segments de piston cassés.

Il nous reste à vérifier le réglage des soupapes, qui doit être celui indiqué dans le chapitre "Moteurs", et à voir si leurs ressorts de rappel ne sont ni trop durs ni trop mous.

Retours au carburateur. — Ils se produisent toutes les fois que des gaz neufs, venant du carbura-teur, peuvent être en contact avec les résidus enflammés des gaz à l'échappement ; c'est-à-dire :

1° Si la soupape d'admission, étant mal rodée, ferme mal. Les gaz du carburateur restent alors en contact avec ceux admis dans le cylindre. Au moment de l'allumage ces derniers prendront feu et la flamme se propagera jusqu'au carburateur.

2° Si la soupape d'admission, fermant bien, s'ouvre avant que la soupape d'échap-pement ne soit fermée, ou, si cette dernière ferme mal.

Dans ces deux cas, les gaz entreront dans le cylindre, alors que la communication existe encore entre ce dernier, et le tuyau d'échappement, rempli par les résidus ga-zeux enflammés de quatre cylindres. Le re-tour au carburateur se produira donc.

3° Si la soupape d'admission s'ouvre avant l'expulsion complète des résidus gazeux de l'explosion restés dans le cylindre.

Il faut donc faciliter l'échappement total de ces résidus : ce que nous obtenons par une avance suffisante de l'ouverture de la soupape, d'échappement et par une fermeture, la plus tardive possible, de cette soupape ; sans risquer toutefois de dépasser, pour le faire, l'instant où s'ouvre la soupape d'admis-sion. Cet excès de retard nous ferait retom-ber dans le deuxième cas envisagé.

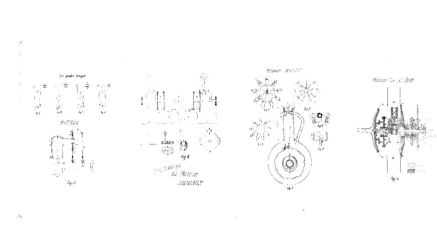

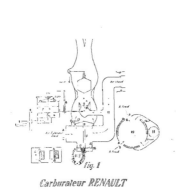

fig. 1

Carburateur RENAULT

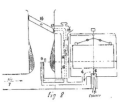

fig. 2

Carburateur Zénith

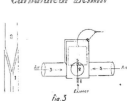

fig. 3

**Carburateur
René Tampier**

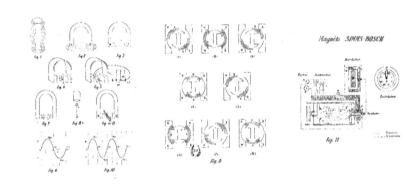

Fig. 1

Fig. 2

Fig. 3

Fig. 4

Fig. 5

Fig. 7

Fig. 8'

Fig. 8''

Fig. 6

Fig. 10

(1)

(2)

(3)

(4)

(5)

(6)

(7)

(8)

Fig. 9

Magnéto SIMMS-BOSCH

Fig. 11

CPSIA information can be obtained
at www.ICGtesting.com
Printed in the USA
LVHW080912211122
733688LV00004B/67

9 782014 503456